h
a
Ritesh Diwan ⠀⠀⠀⠀⠀⠀⠀⠀⠀⠀r

Verbesserung der Stabilität des Stromversorgungssystems mithilfe von Optimierungstechniken

Mithilesh Singh
Jai Prakash Dansena
Ritesh Diwan Tomeshvar Kumar Dhivar

Verbesserung der Stabilität des Stromversorgungssystems mithilfe von Optimierungstechniken

Verbesserung der Stabilität des Stromversorgungssystems
mithilfe von GA- und Fuzzy-Optimierungstechniken

ScienciaScripts

Imprint

Any brand names and product names mentioned in this book are subject to trademark, brand or patent protection and are trademarks or registered trademarks of their respective holders. The use of brand names, product names, common names, trade names, product descriptions etc. even without a particular marking in this work is in no way to be construed to mean that such names may be regarded as unrestricted in respect of trademark and brand protection legislation and could thus be used by anyone.

Cover image: www.ingimage.com

This book is a translation from the original published under ISBN 978-620-6-15929-2.

Publisher:
Sciencia Scripts
is a trademark of
Dodo Books Indian Ocean Ltd. and OmniScriptum S.R.L publishing group

120 High Road, East Finchley, London, N2 9ED, United Kingdom
Str. Armeneasca 28/1, office 1, Chisinau MD-2012, Republic of Moldova, Europe

ISBN: 978-620-6-00655-8

VERBESSERUNG DER STABILITÄT DES STROMNETZES DURCH OPTIMIERUNGSTECHNIKEN

Dr. MITHILESH SINGH

(PROFESSOR & LEITER, ELEKTROTECHNIK, FAKULTÄT FÜR INGENIEURWESEN, SHRI RAWATPURA SARKAR UNIVERSITÄT, RAIPUR)

Herr JAI PRAKASH DANSENA

(LEHRBEAUFTRAGTER, GOVT. POLYTECHNIC DHAMTARI, M.TECH. SCHOLAR RITEE RAIPUR)

Dr. RITESH DIWAN

(PROFESSOR, ELEKTRONIK UND TELEKOMMUNIKATIONSTECHNIK, RITEE RAIPUR)

TOMESHVAR KUMAR DHIVAR

(ASSISTENZPROFESSOR, CIET, RAIPUR)

ABSTRACT

Die Stabilität des Stromnetzes ist ein wichtiges Kriterium für die Energiewirtschaft. Lastschwankungen führen zu Frequenz- und Spannungsschwankungen, die wiederum zu Erzeugungsverlusten aufgrund von Leitungsauslösungen und auch zu Stromausfällen führen. Diese Abweichungen können durch eine automatische Erzeugungsregelung (AGC), die aus zwei Teilen besteht, nämlich der Lastfrequenzregelung (LFC) und der automatischen Spannungsregelung (AVR), auf den kleinstmöglichen Wert reduziert werden. Hier wird eine Simulationsauswertung durchgeführt, um die Funktionsweise der LFC zu verstehen, indem Modelle in SIMULINK erstellt werden, die uns helfen, das Prinzip hinter der LFC einschließlich der Herausforderungen zu verstehen. Das Drei-Flächen-System wird zusammen mit dem Ein-Flächen- und dem Zwei-Flächen-System betrachtet. Mehrere wichtige Parameter der ALFC wie die integralen Reglerverstärkungen (KIi), die Parameter für die Drehzahlregelung (Ri) sowie die Parameter für die Frequenzvorspannung (Bi) werden mit Hilfe eines Optimierungsverfahrens, dem Bacteria Foraging Optimization Algorithm (BFOA), optimiert, da die Verwendung der allgemeinen Hit-and-Trial-Methode in der Simulation einige Nachteile aufweist, so dass wir auf der Verwendung von BFOA bestanden haben, um die gewünschten Werte der verschiedenen Parameter zu erhalten. Es wurde eine gleichzeitige Optimierung bestimmter Parameter wie KIi, Ri und Bi durchgeführt, die nicht nur die beste dynamische Reaktion des Systems gewährleistet, sondern auch die Verwendung von etwas größeren Werten für Ri als in der Praxis erlaubt. Dies wird der Energieindustrie helfen, den Regler einfacher und billiger zu realisieren. Die Leistung des BFOA wird auch durch die Konvergenzeigenschaften untersucht, die zeigen, dass der Bacteria Foraging Algorithmus relativ schneller in der Optimierung ist, so dass es einen Rückgang der Rechenlast und auch eine minimale Nutzung der Computerressourcen gibt.

KEYWORDS: Automatische Erzeugungssteuerung (AGC), Lastfrequenzsteuerung (LFC), Bacteria Foraging Optimization Algorithm, Optimierung.

INHALT

ABKÜRZUNGEN

Abbreviations	Meaning
AC	Alternating current
LFC	Load frequency control
ACE	Area control error
GA	Genetic algorithm
AGC	Automatic generation control
PI	Proportional integral
PID	Proportional integral derivatives
TF	Transfer function

KAPITEL 1

EINFÜHRUNG

Das Stromversorgungssystem ist ein sehr großes und komplexes elektrisches Netz, das aus einem Erzeugungs-, Übertragungs- und Verteilungsnetz sowie aus Lasten besteht, die über das gesamte Netz in einem großen geografischen Gebiet verteilt sind [1]. Im Stromnetz ändern sich die Systemlast und die Last der Verbraucher von Zeit zu Zeit, je nach den Bedürfnissen der Verbraucher. Daher werden für die Regulierung der Systemschwankungen geeignete und gut konzipierte Regler benötigt, um die Stabilität des Stromnetzes aufrechtzuerhalten und seinen zuverlässigen Betrieb zu gewährleisten. Das rasante Wachstum der Industrie führt zu einer erhöhten Komplexität des Stromnetzes. Die Spannung hängt stark von der Blindleistung und die Frequenz stark von der Wirkleistung ab. Die Schwierigkeiten bei der Steuerung des Stromnetzes lassen sich also in zwei Bereiche unterteilen. Die eine bezieht sich auf die Steuerung der Blindleistung zusammen mit der Spannungsregelung, während die andere auf die Wirkleistung zusammen mit der Frequenz bezogen ist [2].

Bei sehr großen Stromnetzen, die aus miteinander verbundenen verschiedenen Regelzonen bestehen, ist es wichtig, die Frequenz in einer zusammenhängenden Stromzone nahe an den geplanten Werten zu halten. Die mechanische Eingangsleistung wird verwendet, um die Lastfrequenz der Generatoren und Wechselstromgeneratoren zu steuern, und die Änderung der Frequenz wird über die Leistung der Verbindungsleitung erfasst, die ein Maß für die Änderung des Rotorwinkels ist. Ein gut konzipiertes Stromversorgungssystem sollte in der Lage sein, ein akzeptables Niveau der Stromqualität und der Lastfrequenz zu gewährleisten, indem es die Frequenz und die Spannungshöhe innerhalb tolerierbarer Grenzen hält. Änderungen in der Netzbelastung und in der Funktion verschiedener elektrischer Geräte wirken sich hauptsächlich auf die Netzfrequenz aus, während die Blindleistung weniger empfindlich auf Änderungen der Lastfrequenz reagiert und hauptsächlich von Schwankungen der Spannungshöhe abhängig ist. Daher werden die Regelung der Wirk- und Blindleistung im Stromnetz getrennt behandelt. Die Lastfrequenzregelung befasst sich hauptsächlich mit der Regelung der Netzfrequenz und der Wirkleistung, während der automatische Spannungsregelkreis die Änderungen der Blindleistung und der Spannungshöhe regelt. Die Lastfrequenzregelung ist die Grundlage vieler fortschrittlicher Konzepte für die groß angelegte Regelung des Stromnetzes. Im Stromnetz schwankt der Lastbedarf ständig und kann die Leistung des Stromnetzes beeinträchtigen. Laständerungen in einem Gebiet und anormale Bedingungen führen zu einer Störung der Systemleistung über die synchronisierte Frequenz und den geplanten Leistungsaustausch zwischen den Regelzonen, wodurch das System instabil wird. Außerdem kann es zu Oberschwingungen, Störungen, Spannungseinbrüchen und Blindleistungsverlusten in den Erzeugungsanlagen kommen, was die Systemstabilität beeinträchtigt. Die Stabilität eines jeden Systems ist seine Fähigkeit, einen normalen oder stabilen Betriebszustand zu erreichen, nachdem es einer Störung jeglicher Art ausgesetzt war. Diese instabilen Bedingungen müssen durch automatische Erzeugungsregelung (AGC) korrigiert werden. Das Hauptziel des AGC-Energiesystems ist die Wiederherstellung der Frequenz jedes Gebiets unter dem gewünschten Grenzwert und die Minimierung des Verbindungsleitungsflusses während des gesamten Gebietssteuerungsfehlers (ACE) auf Null.

Ein Verbundnetz führt in der Regel zu einer Verbesserung der Systemleistung. Das Hauptziel eines Verbundnetzes besteht darin, den Systembetrieb stabil zu halten. In einem AGC-Netz sollte die Frequenz nahezu konstant oder innerhalb der gewünschten Grenzen bleiben (die maximal zulässige Frequenzänderung beträgt ±0,5 Hz). Eine starke Frequenzschwankung kann die Anlagen beschädigen, die Leistung der Last verringern, da die Übertragungsleitungen aufgrund der Blindleistung überlastet werden und die Systemschutzsysteme gestört werden können, was letztlich zu einem instabilen Zustand führt und Probleme für das Stromnetz verursachen kann. In einem Verbundnetz mit mehreren unabhängigen Regelzonen werden die Frequenz und die Erzeugung in jeder Zone durch planmäßigen Leistungsaustausch gesteuert. Diese Regelstrategien werden als Lastfrequenzregelung (LFC) bezeichnet. Die Leistung wird zwischen den einzelnen Gebieten über eine Verbindungsleitung ausgetauscht. Die Wirkleistungsregelung und die Frequenzregelung werden im Allgemeinen als automatische Lastfrequenzregelung (ALFC) bezeichnet. Die automatische Lastfrequenzregelung (ALFC) befasst sich im Wesentlichen mit der Regelung der Wirkleistungsabgabe des Generators und auch seiner Frequenz (Drehzahl). Der primäre Regelkreis ist schnell, und Änderungen erfolgen innerhalb von einer bis zu einigen Sekunden. Der primäre Regelkreis reagiert auf Frequenzänderungen durch den

Drehzahlregler, und der Wasser- (oder Dampf-) Strom wird entsprechend gesteuert, um die tatsächliche Stromerzeugung auf relativ schnelle Laständerungen abzustimmen. Auf diese Weise wird ein Megawatt-Gleichgewicht aufrechterhalten, und dieser primäre Regelkreis führt eine Kursfrequenzregelung durch.

Die Sekundärschleife ist langsamer als die Primärschleife. Der sekundäre Kreislauf hält die Frequenzregulierung hervorragend aufrecht und sorgt darüber hinaus für einen angemessenen Austausch von Wirkleistung zwischen den übrigen Mitgliedern des Pools.

Es gibt einige Merkmale eines richtig konzipierten Stromnetzes

a) Der gelieferte Strom sollte von guter Qualität sein.

b) Es sollte stets den sich ständig ändernden Lastbedarf decken.

c) Es sollte immer Strom liefern.

d) Die eingespeiste Energie sollte sparsam sein.

e) Die erforderlichen Sicherheitsanforderungen sollten erfüllt sein.

f) Es soll praktisch überall dort Strom liefern, wo der Kunde es wünscht.

Es gibt mehrere Gründe, warum es strenge Beschränkungen für Frequenzabweichungen und die Konstanthaltung der Netzfrequenz geben sollte. Sie lauten wie folgt:

a) Frequenzfehler können beim Abruf und bei der digitalen Speicherung zu Problemen führen.

b) Die Laufgeschwindigkeit von Drehstrommotoren ist direkt proportional zur Frequenz. Daher wirkt sich die Änderung der Systemfrequenz direkt auf die Leistung des Motors aus.

c) Die Schaufeln der Wasserturbine und der Dampfturbine sind für den Betrieb bei bestimmte Geschwindigkeit und die Frequenzschwankungen führen zu einer Änderung der Geschwindigkeit, was zu übermäßigen Vibrationen und Schäden an der Turbinenschaufel führt.

1.1 KONZEPT DER KONTROLLZONE

Unter einer Regelzone versteht man ein System, in dem wir die übliche Erzeugungsregelung oder die Lastfrequenzregelung anwenden können. In der Regel wird ein selbstverwaltetes Gebiet als Regelzone bezeichnet. Die elektrische Vernetzung ist in jeder Regelzone sehr stark, verglichen mit den Verbindungen in den angrenzenden Gebieten. Innerhalb einer Regelzone bewegen sich alle Generatoren in logischer und konsistenter Weise hin und her, was durch eine bestimmte Frequenz dargestellt wird. Die Schwierigkeiten bei der automatischen Last-Frequenz-Regelung eines umfangreichen, zusammenhängenden Stromnetzes wurden untersucht, indem das gesamte System in eine Reihe von Regelzonen unterteilt und als Multiregion bezeichnet wurde [4]. Im gewöhnlichen stationären Zustand muss jede Regelzone versuchen, den Leistungsbedarf durch den Stromfluss über die miteinander verbundenen Leitungen auszugleichen. Im Allgemeinen haben die Regelzonen nur ein eingeschränktes Recht, die Informationen des Gesamtnetzes zu nutzen: Sie können zwar ihre eigenen Busse verwalten, aber die Parameter an den unbekannten Bussen nicht direkt verändern. Ein Gebiet ist jedoch über die Dominanz seiner benachbarten Gebiete informiert, indem es den Stromzufluss und -abfluss an seinen Grenzen bestimmt, der gemeinhin als Tie-Line-Leistung bezeichnet wird. In jedem Gebiet werden die Leistungsgleichgewichtsgleichungen an den Grenzen berechnet, wobei die aus der exportierten Leistung resultierende zusätzliche Last berücksichtigt wird. Später erarbeiten die Gebiete das Optimierungsproblem entsprechend ihrer Zielfunktion.

1.2 ZIELE IN BEZUG AUF DIE KONTROLLBEREICHE

Die Ziele in Bezug auf die Kontrollbereiche lauten wie folgt:-

- ➢ Entwicklung eines Modells für ein dreifach vernetztes hybrides Energiesystem, das aus verschiedenen Reglern wie GA und Fuzzy besteht.
- ➢ Entwurf eines Fuzzy-GA-PID-Reglers zur Regelung der Frequenz, wenn sich der Lastbedarf ändert.
- ➢ Entwurf des LQR unter Verwendung von MATLAB für das Hybridsystem zur optimalen Steuerung.
- ➢ Simulation des entwickelten Modells für ein dreiflächiges Verbundsystem mit den entworfenen Reglern für LFC. Vergleich der Leistung von drei Reglern in Bezug auf Einschwingzeit, Über- und Unterschwingen.
- ➢ Vergleich der Leistung von Reglern in Bezug auf das Über- und Unterschwingen der Ausregelzeit.
- ➢ Aufrechterhaltung der tatsächlichen Frequenz und der gewünschten Leistungsabgabe im Verbundnetz.
- ➢ Zur Kontrolle der Änderung der Verbindungsleistung zwischen den Regelzonen.
- ➢ Jeder Kontrollbereich muss je nach Kontrolle eine einstellbare Frequenz haben.

8

- Jede Regelzone sollte ihren individuellen Lastbedarf zusätzlich zum Stromtransfer durch Verbindungsleitungen auf der Grundlage einer gemeinsamen Vereinbarung decken.
- Für einen angemessenen Wert des Stromaustauschs zwischen den Regelzonen zu sorgen.
- Zur Erleichterung der Frequenzkontrolle bei größeren Zusammenschaltungen.
- Um die erforderliche Megawattleistung eines Generators an die wechselnde Last anzupassen.

KAPITEL 2
LITERATUR ÜBERSICHT

2.1 Überblick über LFC-Systeme und Durchsicht der Literatur :

Das revolutionäre Konzept der optimalen Steuerung (optimaler Regler) für die Lastfrequenzregelung eines Verbundnetzes wurde erstmals von Elgerd und C. Fosha [12] vorgestellt. Es gab eine Empfehlung des North American Power Systems Interconnection Committee (NAPSIC), dass jede einzelne Regelzone ihren Frequenzbias-Koeffizienten gleich den Area Frequency Response Characteristics (AFRC) setzen sollte. Elgerd und Fosha argumentierten jedoch ernsthaft auf der Grundlage der Frequenzverzerrung und präsentierten mit Hilfe optimaler Regelungsmethoden, dass bei niedrigeren Verzerrungseinstellungen eine größere Stabilitätsspanne und ein besseres Ansprechverhalten gegeben sind. Sie haben auch bewiesen, dass ein Zustandsvariablenmodell auf der Grundlage einer optimalen Regelungsmethode die Stabilitätsspannen und die dynamische Reaktion auf das Lastfrequenzregelungsproblem erheblich verbessern kann.

Die Standarddefinitionen der verschiedenen Begriffe für die LFC von Energiesystemen wurden 1968 vom IEEE STANDARDS Committee verabschiedet. Die dynamischen Modellvorschläge wurden von IEEE PES-Arbeitsgruppen ausführlich beschrieben. Auf der Grundlage von Erfahrungen mit der realen Implementierung von LFC-Schemata wurden von Zeit zu Zeit verschiedene Änderungen an der ACE-Definition vorgeschlagen, um mit der sich ändernden Umgebung des Stromnetzes fertig zu werden.

Der erste Versuch im Falle der LFC besteht darin, die Netzfrequenz mit Hilfe des Reglers zu steuern. Diese Technik der Reglersteuerung reichte für die Stabilisierung des Systems nicht aus, so dass eine zusätzliche, ergänzende Steuerungstechnik mit Hilfe eines variablen Proportionalreglers direkt auf die Abweichung der Lastfrequenz plus deren Integral eingeführt wurde. Dieses Schema beinhaltet den klassischen Ansatz der Systemfrequenzregelung des Stromnetzes. Cohn hat frühere Arbeiten auf dem wichtigen Gebiet der Lastfrequenzregelung durchgeführt.

R. K. Green [18] diskutierte eine neue Formulierung der LFC-Prinzipien. Er hat ein Konzept der transformierten LFC vorgestellt, das die Möglichkeit bietet, die Anforderung der Vorspannungseinstellung zu eliminieren, indem es die Sollfrequenz jeder Einheit direkt steuert.

2.2 Literatur zu LFC-bezogenen Stromsystemen Modell:

Seit mehr als drei Jahrzehnten wird an der Lastfrequenzregelung von Stromnetzen geforscht. Modelle von Mehrbereichssystemen (einschließlich zweier Bereiche) wurden bisher für die beste Leistung in Betracht gezogen.

B. Oni [22] beschrieb die Auswirkung der Implementierung einer nicht linearen Vorspannungskennlinie für Verbindungsleitungen. Mit Hilfe des UMC-Hybridsimulators wird diese Art von Studie durchgeführt, um eine typische Art von Spannungs- und Frequenzempfindlichkeit des Stromnetzes zu simulieren, das Totband des Reglers von Lasten.

K. C. Divya und P. S. Nagendra [20] haben ein Simulationsmodell für Wasserkraftwerke vorgestellt. Sie sind von der Annahme ausgegangen, dass die Frequenzen aller Gebiete gleich sind, um die Schwierigkeiten bei der Erweiterung des traditionellen Ansatzes zu überwinden. Das Modell wurde unter Vernachlässigung der Frequenzunterschiede zwischen den Regelzonen erstellt.

E. C. Tacker [21] hat die LFC des Verbundnetzes diskutiert und die Formulierung der LFC mit Hilfe der linearen Regelungstheorie untersucht. Ein Vergleich zwischen drei Verwandten wurde durchgeführt, um die Fähigkeit zur Motivation der transienten Reaktion der Systemvariablen zu untersuchen. Später wurde in diesen Studien die Auswirkung der Erzeugungsratenbeschränkung (GRC) eingeführt, wobei sowohl das diskrete als auch das kontinuierliche Energiesystem berücksichtigt wurde.

2.3 Literaturübersicht über LFC im Zusammenhang mit Kontrolltechniken:

Die kontinuierliche Arbeit zahlreicher Ingenieure der Regelungstechnik hat Verbindungen zwischen dem Einschwingverhalten im geschlossenen Regelkreis (im Zeitbereich) und dem Frequenzgang hergestellt. Die Forschung wird mit verschiedenen klassischen Regelungsverfahren durchgeführt. Es zeigt sich, dass es zu vergleichsweise großen transienten Frequenzabweichungen und Überschwingern kommt. Außerdem ist die Einschwingzeit der Frequenzabweichung für das System im Allgemeinen relativ lang. Die LFC-Entwurfstechniken für optimale Regler unter Verwendung der optimalen

Regelungstheorie regen die Ingenieure der Regelungstechnik dazu an, ein Regelsystem mit optimalem Regler unter Berücksichtigung der vorgegebenen Leistungskriterien zu entwerfen.

R. K. Cavin [23] hat das Problem der LFC für ein Verbundsystem aus der Sicht der Theorie des optimalen stochastischen Systems betrachtet. Es wurde ein auf einer Regelungsstrategie basierender Algorithmus entwickelt, der die Leistung des Netzes sowohl bei kleinen als auch bei großen Signalen verbessert. Die besondere Attraktivität des hier vorgeschlagenen Regelungsschemas besteht darin, dass es die kürzlich verwendeten Variablen benötigt. Das sind die Frequenzabweichung und die geplanten Abweichungen zwischen den Änderungen, die als Input genommen werden.

Fosha und Elgerd [13] waren die beiden Personen, die als erste ihre Arbeit zur optimalen LFC-Regelung mit diesem Verfahren vorstellten. Für die Untersuchung wird ein Stromversorgungssystem mit zwei identischen Gebieten betrachtet, die durch eine Verbindungsleitung verbunden sind, die eine Turbine ohne Zwischenüberhitzung antreibt.

KAPITEL 3

KOMPONENTEN DES ENERGIESYSTEMS MIT PROBLEMSTELLUNG

3.1 STROMERZEUGUNGSEINHEIT

Eine umfassende Einführung in die dynamischen Modelle allgemeiner Energiesysteme findet sich in [1]. In diesem Kapitel wird die Modellierung eines typischen Stromerzeugungssystems, einschließlich der Modellierung von drei Arten von Erzeugungseinheiten, die Modellierung von Verbindungsleitungen und die Modellierung des Parallelbetriebs von Verbundgebieten vorgestellt. Eine Laplace-Transformation eines dezentralen Bereichs des Stromerzeugungssystems wird für spätere Analysen im Frequenzbereich abgeleitet.

3.1.1 TURBINEN

Turbinen werden in Stromversorgungssystemen zur Umwandlung von natürlicher Energie, z. B. aus Dampf oder Wasser, in mechanische Energie (Pm) eingesetzt, die bequem an einen Generator geliefert werden kann. Es gibt drei Kategorien von Turbinen, die üblicherweise in Energiesystemen eingesetzt werden: Nicht-Wiedererwärmungsturbinen, Wiedererwärmungsturbinen und hydraulische Turbinen, von denen jede einzelne durch Übertragungsfunktionen modelliert und entworfen werden kann. Wir haben Nicht-Wiedererwärmungsturbinen, die als Einheiten erster Ordnung dargestellt werden, bei denen die Zeitverzögerung, die als Zeitverzögerung (Tch) bezeichnet wird, zwischen dem Intervall beim Schalten des Ventils und der Erzeugung des Drehmoments in der Turbine stattfindet. Die Konstruktion von Zwischenüberhitzungsturbinen wird durch die Verwendung von Einheiten zweiter Ordnung vervollständigt, da es dank des Anstiegs und des Abfalls des Dampfdrucks verschiedene Stufen gibt. Dank der Trägheit des Wassers werden hydraulische Turbinen als Einheiten ohne minimale Phase behandelt.

Das Turbinenmodell stellt die Änderungen der Dampfturbinenleistung in Abhängigkeit von der Öffnung des Dampfventils dar. Hier haben wir eine nicht überhitzte Turbine mit einem Verstärkungsfaktor KT und einer einzigen Zeitkonstante TT im Modell betrachtet, die die Turbine darstellt,

$$\frac{\Delta P_T(s)}{\Delta P_V(s)} = \frac{K_T}{1 + S T_T}$$

13

wobei $\Delta P_V(s)$= der Eingang zur Turbine

$\Delta P_T(s)$ = die Leistung der Turbine

3.1.2 GENERATOREN

Generatoren erhalten mechanische Leistung von den Turbinen und wandeln sie in Strom um. Unser Interesse gilt jedoch nicht der Umwandlung der Anlage, sondern der Drehzahl des Rotors. Die Rotordrehzahl ist proportional zur Frequenz des Stromnetzes. Wir wollen für ein Gleichgewicht zwischen der erzeugten Leistung und dem Leistungsbedarf der Last sorgen, da die Leistung nicht in großen Mengen gespeichert werden kann. Bei Lastschwankungen entspricht die von der Turbine abgegebene mechanische Leistung nicht der vom Generator erzeugten Leistung, was zu einer Fehlberechnung führt, die in die Rotordrehzahlabweichung ($\Delta\omega$) eingeht. Mit der Frequenzabweichung $\Delta f=2\pi\Delta\omega$ wird die Last der Leistung in ohmsche Lasten (PL) aufgeteilt, die bei einer Änderung der Rotordrehzahl dank der sich mit der Drehzahl der Last ändernden Motorlasten fixiert werden können. Wenn sich die mechanische Leistung nicht ändert, müssen die Motorlasten die Laständerung bei einer vom Planwert völlig abweichenden Rotordrehzahl kompensieren.

Ein Generator in Energiesystemen wandelt die von der Turbine erhaltene mechanische Leistung in elektrische Leistung um. Bei der LFC konzentrieren wir uns jedoch auf die Rotordrehzahl des Generators (Frequenz der Stromsysteme) und nicht auf die Energieumwandlung. Da elektrische Energie nur schwer in großen Mengen gespeichert werden kann, muss das Gleichgewicht zwischen der erzeugten Energie und dem Lastbedarf aufrechterhalten werden.

Sobald eine Laständerung eintritt, stimmt die von der Turbine abgegebene mechanische Leistung nicht mehr mit der vom Generator erzeugten elektrischen Leistung überein. Dieser Fehler zwischen der mechanischen *(ΔP_m)* und der elektrischen Leistung *(ΔP_{el})* wird in die Rotordrehzahlabweichung *($\Delta\omega_r$)* integriert, die durch Multiplikation mit *2π* in die Frequenzverzerrung *(Δf)* umgewandelt werden kann. Die Beziehung zwischen ΔP_m und *Δf* ist in Abbildung 2 dargestellt, wobei *M* die Trägheitskonstante des Generators ist [1].

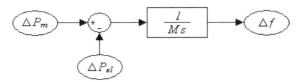

Abbildung 3.1 Blockschaltbild des Generators

Die Leistungslasten können in ohmsche Lasten (ΔP_L), die bei einer Änderung der Rotordrehzahl konstant bleiben, und Motorlasten, die sich mit der Lastdrehzahl ändern, unterteilt werden [1]. Wenn die mechanische Leistung unverändert bleibt, kompensieren die Motorlasten die Laständerung bei einer Rotordrehzahl, die von einem geplanten Wert abweicht, der in Abbildung 3.1 dargestellt ist, wobei D die Lastdämpfungskonstante ist [1].

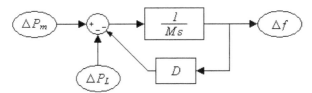

Abbildung 3.2 Blockschaltbild des Generators mit Lastdämpfungseffekt

Die reduzierte Form von Abbildung 3 ist in Abbildung 4 dargestellt, die das Generatormodell darstellt, das wir für den LFC-Entwurf verwenden wollen. Die Laplace-Transformationsdarstellung des Blockdiagramms in Abbildung 4 lautet

$$\otimes P_m(s) - \otimes P_L(s) = (Ms + D) \otimes F(s)$$

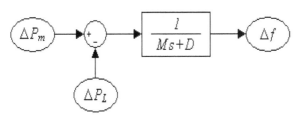

Abbildung 3.3 Verkleinertes Blockdiagramm des Generators mit Lastdämpfungseffekt

3.1.3 GOVERNOR

Drehzahlregler werden in Stromversorgungssystemen eingesetzt, um die durch Lastwechsel verursachte Frequenzverschiebung zu erfassen und durch Veränderung der Turbinenleistung auszugleichen. Das schematische Diagramm eines Drehzahlreglers ist in Abbildung 5 dargestellt, wobei R die Kennlinie der Drehzahlregelung und T_g die Zeitkonstante des Reglers ist [1]. Wenn kein Lastsollwert vorhanden ist, wird bei einer Laständerung ein Teil der Änderung durch die Ventil-/Schiebereinstellung kompensiert, während der Rest der Änderung in Form einer Frequenzabweichung dargestellt wird. Das Ziel der LFC ist es, die Frequenzabweichung bei schwankender Wirkleistungslast zu regeln. Daher kann der Lastsollwert dazu verwendet werden, die Ventil-/Schieberstellungen so anzupassen, dass die gesamte Laständerung durch die Stromerzeugung ausgeglichen wird, anstatt zu einer Frequenzabweichung zu führen.

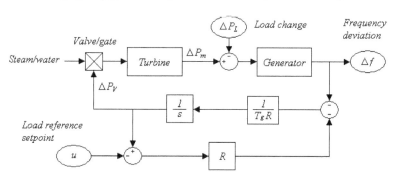

Abbildung 3.4 Schematische Darstellung eines Drehzahlreglers

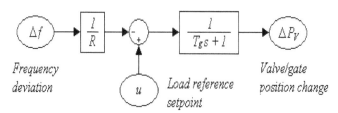

Abbildung 3.5 Verkleinertes Blockschaltbild des Drehzahlreglers

Wenn die elektrische Last plötzlich erhöht wird, übersteigt die elektrische

16

Leistung die mechanische Leistungsaufnahme. Dies hat zur Folge, dass die fehlende Leistung auf der Lastseite aus der Rotationsenergie der Turbine entnommen wird. Aus diesem Grund verringert sich die kinetische Energie der Turbine, d. h. die in der Maschine gespeicherte Energie, und der Regler sendet ein Signal zur Zufuhr von mehr Wasser-, Dampf- oder Gasmengen, um die Drehzahl des Antriebsmotors zu erhöhen und so das Drehzahldefizit auszugleichen.

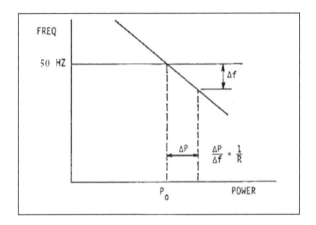

Abbildung 3.6 Grafische Darstellung der Drehzahlregelung durch den Regler

Die Steigung der Kurve stellt die Drehzahlregelung R dar. Regler haben normalerweise eine Drehzahlregelung von 5-6 % von Leerlauf bis Volllast.

$$\Delta P_g = \Delta p_{ref} - \frac{1}{R}\Delta f \dots\dots\dots eqn(1)$$

Oder im s- Bereich

$$\Delta P_g(s) = \Delta P_{ref} - \frac{1}{R}\Delta \Omega(s) - - - - - eqn(2)$$

17

Der Befehl ΔP_g wird durch den hydraulischen Verstärker in den Befehl ΔP_V für die Dampfventilstellung umgewandelt.

Gehen wir von einer linearen Beziehung aus und betrachten wir eine einfache Zeitkonstante □, so ergibt sich folgende Beziehung:

$$\Delta P_v(s) = \frac{1}{1 + \tau_g} \Delta P_g(s) - - - - - - - - eqn(3)$$

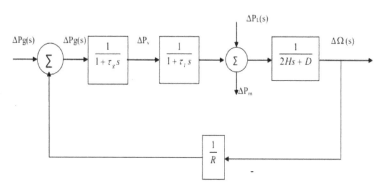

Abbildung 3.7 Mathematische Modellierung des Blockdiagramms eines einzelnen Systems

3.1.4 MATHEMATISCHE MODELLIERUNG DER ANTRIEBSMASCHINE

Die Quelle der Stromerzeugung wird gemeinhin als Antriebsmaschine bezeichnet. Dabei kann es sich um Wasserturbinen an Wasserfällen oder Dampfturbinen handeln, deren Energie aus der Verbrennung von Kohle, Gas oder anderen Brennstoffen stammt. Das Modell für die Turbine setzt die Änderungen der mechanischen Leistung ΔP_m mit den Änderungen der Dampfventilstellung ΔP_V in Beziehung.

$$G_r = \frac{\Delta p_m(s)}{\Delta p_v(s)} = \frac{1}{1 + \tau_t s} \ldots \ldots \ldots eqn(4)$$

Dabei ist τ_T die Turbinenkonstante ist, die im Bereich von 0,2 bis 2,0 Sekunden liegt.

3.2 MATHEMATISCHE MODELLIERUNG DER BELASTUNG

Die Belastung des Stromnetzes besteht aus einer Vielzahl von elektrischen Antrieben. Die für Beleuchtungszwecke verwendeten Geräte sind im Wesentlichen ohmscher Natur, und die rotierenden Geräte sind im Grunde ein Verbund aus ohmschen und induktiven Komponenten. Die Drehzahl-Last-Kennlinie der zusammengesetzten Last ist gegeben durch

$$\Delta P_e = \Delta P_L + D\Delta w \ ------equ.\,(5)$$

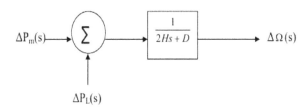

Abbildung 3.8 Mathematisches Modellierungsblockdiagramm der Last

3.3 BINDUNGSLEITUNGEN

In einem Verbundnetz können verschiedene Gebiete durch eine oder mehrere Übertragungsleitungen miteinander verbunden sein. Wenn zwei Gebiete völlig unterschiedliche Frequenzen haben, gibt es einen Leistungsaustausch zwischen den beiden Gebieten, die durch die Verbindungsleitungen verbunden sind, die Möglichkeit des Verbindungsleitungshandels im Gebiet i und im Gebiet j (ΔPij) und damit den Synchronisationsmomentenkoeffizienten der Verbindungsleitung (Tij). Somit können wir auch sagen, dass das Integral der Frequenzdivergenz zwischen den beiden Gebieten ein Fehler in der Leistung aufgrund von Verbindungsleitungen ist. Das Ziel von Verbindungsleitungen ist es, Energie mit den Systemen oder Gebieten in der Nachbarschaft zu tauschen, deren Betriebskosten solche Transaktionen kostengünstig machen. Auch wenn über die Verbindungsleitungen kein Strom an die benachbarten Netze/Gebiete übertragen wird, kann es vorkommen, dass in einem der Netze plötzlich eine Erzeugungseinheit ausfällt.

In einem Verbundnetz sind verschiedene Gebiete über Verbindungsleitungen miteinander verbunden. Wenn die Frequenzen in zwei Gebieten unterschiedlich sind, findet ein

Stromaustausch über die Verbindungsleitung statt, die beide Gebiete miteinander verbindet.

Die Verbindungsleitung kann wie in der Abbildung gezeigt modelliert werden. Die Laplace-Transformationsdarstellung des Blockdiagramms ist gegeben durch

$$\Delta Pij(s) = \frac{1}{s} Tij(\Delta Fi(s) - \Delta Fj(s))$$

Dabei ist ΔPtieij die Austauschleistung der Verbindungsleitung zwischen den Gebieten i und j ist, Tij der Synchronisationsmomentenkoeffizient der Verbindungsleitung zwischen den Gebieten i und j ist[1]. Aus der Abbildung geht hervor, dass der Leistungsfehler der Verbindungsleitung das Integral der Frequenzdifferenz zwischen den beiden Gebieten ist.

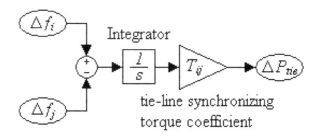

Abbildung 3.9 Blockschaltbild der Verbindungsleitungen

3.4 GRÜNDE FÜR DIE BEGRENZUNG DER HÄUFIGKEIT:

Die folgenden Gründe sprechen für eine strikte Begrenzung der Systemfrequenzschwankungen:

1) Die Drehzahl von Wechselstrommotoren hängt von der Frequenz der Stromversorgung ab. Es gibt Situationen, in denen eine hohe Drehzahlkonstanz erwartet wird.

2) Die elektrischen Uhren werden von den Synchronmotoren angetrieben. Die Genauigkeit der Uhren hängt nicht nur von der Frequenz ab, sondern ist auch ein Integral dieses Frequenzfehlers.

3) Wenn die normale Frequenz 50 Hertz beträgt und die Systemfrequenz unter 47,5 Hertz fällt oder über 52,5 Hertz steigt, werden die Turbinenschaufeln wahrscheinlich beschädigt, um ein Abwürgen des Generators zu verhindern.

4) Der Betrieb des Leistungstransformators bei Unterfrequenz ist nicht erwünscht. Wenn bei konstanter Netzspannung die Frequenz unter dem gewünschten Niveau liegt, steigt der normale Fluss im Kern an. Dieser anhaltende Unterfrequenzbetrieb des Leistungstransformators führt zu einem niedrigen Wirkungsgrad und einer Überhitzung der Transformatorwicklungen.

5) Die schwerwiegendste Auswirkung des Betriebs mit Unterfrequenz wird bei Wärmekraftwerken beobachtet. Durch den Betrieb mit subnormaler Frequenz wird der Luftstrom der ID- und FD-Ventilatoren in den Kraftwerken reduziert und dadurch die Erzeugungsleistung in den Wärmekraftwerken verringert. Dieses Phänomen hat eine kumulative Wirkung und kann zur vollständigen Abschaltung des Kraftwerks führen, wenn keine geeigneten Maßnahmen zum Lastabwurf ergriffen werden. Es ist wichtig zu erwähnen, dass bei der Lastabwurftechnik ein beträchtlicher Teil der Last aus dem Stromnetz von den Erzeugungseinheiten abgekoppelt wird, um die Frequenz auf das gewünschte Niveau zurückzubringen.

KAPITEL 4

METHODIK

4.1 ARTEN DER KONTROLLE

1) Primärregelung: Diese Art der Steuerung wird lokal angestrebt, um das Gleichgewicht zwischen Erzeugung und Nachfrage innerhalb des Netzes aufrechtzuerhalten. Sie wird durch die Drehzahl von Turbinenreglern wahrgenommen, die die Leistung der Generatoren als Reaktion auf die Frequenzabweichung in dem Gebiet anpassen. Wenn eine größere Störung auftritt, ermöglicht die Primärregelung das Gleichgewicht zwischen erzeugter und verbrauchter Leistung bei einer Frequenz, die sich von der Sollwertmenge unterscheidet, um das Netz stabil zu halten.

2) Sekundäre Kontrolle: Diese Art der Kontrolle wird durch ein automatisches, zentralisiertes Verfahren in der Kontrollbaugruppe ausgeübt. Sie hat zwei Ziele:

> ➤ Er hält die Austauschleistung zwischen dem Steuerblock und den angrenzenden Blöcken auf dem geplanten Wert.
> ➤ Bei einem starken Frequenzabfall wird der Sollwert der Frequenz wiederhergestellt.

4.2 LASTFREQUENZREGELUNG

Wenn das System an eine Reihe von verschiedenen Lasten in einem Stromnetz angeschlossen ist, ändern sich die Systemfrequenz und die Drehzahl mit den Eigenschaften des Reglers, wenn sich die Last ändert. Wenn es nicht erforderlich ist, die Frequenz in einem System konstant zu halten, muss der Betreiber die Einstellung des Generators nicht ändern. Ist jedoch eine konstante Frequenz erforderlich, kann der Betreiber die Drehzahl der Turbine durch Ändern der Reglerkennlinie nach Bedarf anpassen. Wird eine Laständerung von zwei parallel betriebenen Kraftwerken übernommen, erhöht sich die Komplexität des Systems. Die Möglichkeit, die Last auf zwei Maschinen zu verteilen, ist wie folgt:

Angenommen, es gibt zwei Kraftwerke, die durch eine Verbindungsleitung miteinander verbunden sind. Wenn die Laständerung entweder bei A oder bei B auftritt und nur die Erzeugung von A geregelt werden soll, um eine konstante Frequenz zu erhalten, wird diese Art der Regelung als "Flat Frequency Regulation" bezeichnet.

Die andere Möglichkeit, die Last zu teilen, besteht darin, dass sowohl A als auch B ihre Erzeugung so regeln, dass die Frequenz konstant bleibt. Dies wird als parallele Frequenzregelung bezeichnet.

Die dritte Möglichkeit besteht darin, dass die Frequenzänderung in einem bestimmten Bereich vom Generator dieses Bereichs übernommen wird, so dass die Belastung des Netzes gleich bleibt. Diese Methode wird als "Flat Tie-Line Load Control" bezeichnet.

Bei der selektiven Frequenzregelung kümmert sich jedes System in einer Gruppe um die Laständerungen in seinem eigenen System und hilft den anderen Systemen in der Gruppe nicht bei Änderungen außerhalb seiner eigenen Grenzen. Bei der Lastvorspannungsregelung helfen alle Netze im Verbund bei der Frequenzregelung, unabhängig davon, woher die Frequenzänderung kommt. Die Ausrüstung besteht aus einem Hauptlastfrequenzregler und einem Netzschreiber, der die Leistungsaufnahme auf dem Netz wie bei der selektiven Frequenzregelung misst.

Das Fehlersignal, d. h. Δf und ΔP_{tie} , wird verstärkt, gemischt und in ein Wirkleistungsbefehlssignal ΔP_V umgewandelt, das an die Antriebsmaschine gesendet wird, um eine Erhöhung des Drehmoments zu fordern. Die Antriebsmaschine muss eine Änderung der Generatorleistung um einen Betrag ΔP_G bewirken, der die Werte von Δf und ΔP_{tie} innerhalb der vorgegebenen Toleranz verändert. Der erste Schritt zur Analyse des Kontrollsystems ist die mathematische Modellierung der verschiedenen Komponenten des Systems und der Kontrollsystemtechniken.

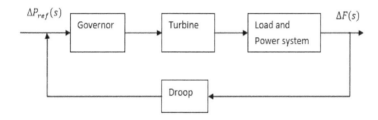

Abbildung 4.1 Lastfrequenzregelung

4.3 AUTOMATISCHE STEUERUNG DER ERZEUGUNG:

Wenn die Last im System plötzlich erhöht wird, sinkt die Turbinendrehzahl, bevor der Regler die Dampfzufuhr an die neue Last anpassen kann. Mit abnehmender Änderung der Drehzahl wird das Fehlersignal kleiner, und die Position des Reglers und nicht der Schwungkugeln nähert sich dem Punkt, der für die Beibehaltung der konstanten Drehzahl erforderlich ist. Eine Möglichkeit, die Geschwindigkeit oder Frequenz wieder auf den Nennwert zu bringen, besteht darin, einen Integrator hinzuzufügen. Der Integrator überwacht den durchschnittlichen Fehler über einen bestimmten Zeitraum und gleicht den Offset aus. Wenn sich also die Last des Systems kontinuierlich ändert, wird die Erzeugung automatisch angepasst, um die Frequenz auf den Nennwert zurückzubringen. Dieses Verfahren wird als automatische Erzeugungsregelung bezeichnet. In einem Verbundnetz, das aus mehreren Pools besteht, besteht die Aufgabe der AGC darin, die Last so auf das System, die Stationen und die Erzeuger zu verteilen, dass eine maximale Wirtschaftlichkeit und eine einigermaßen gleichmäßige Frequenz erreicht wird.

4.3.1 AGC IN EINEM EINZIGEN GEBIET :

Bei der primären LFC-Schleife führt eine Änderung der Systemlast zu einer Frequenzabweichung im eingeschwungenen Zustand, die von der Drehzahlregelung des Reglers abhängt. Um die Frequenzabweichung auf Null zu reduzieren, müssen wir eine Rücksetzfunktion vorsehen, indem wir einen Integralregler einführen, der auf den Lastsollwert einwirkt, um den Drehzahlsollwert zu ändern. Der Integralregler erhöht den Systemtyp um 1, wodurch die endgültige Frequenzabweichung auf Null gezwungen wird. Die Verstärkung des Integralreglers muss für ein zufriedenstellendes Einschwingverhalten angepasst werden.

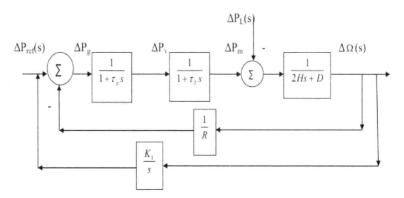

Abbildung 4.2 Mathematische Modellierung der AGC

Die Übertragungsfunktion des geschlossenen Regelkreises ist gegeben durch:

$$\frac{\Delta\Omega(s)}{-\Delta P_L} = \frac{s(1 + \tau_g s)(1 + \tau_T s)}{s(2Hs + D)(1 + \tau_g s)(1 + \tau_T s) + K_1 + \dfrac{S}{R}} ----- eqn(6)$$

4.3.2 AGC IM MEHRBEREICHSSYSTEM:

In vielen Fällen ist eine Gruppe von Generatoren intern eng gekoppelt und schwingt im Gleichtakt. Außerdem haben die Generatorturbinen in der Regel die gleichen Ansprechmerkmale. Eine solche Gruppe von Generatoren wird als kohärent bezeichnet. Es ist möglich, die LFC-Schleife das gesamte System darstellen zu lassen, und die Gruppe wird als Regelgruppe bezeichnet.

Für ein Zwei-Gebiete-System ist die über die Verbindungsleitung übertragene Wirkleistung im Normalbetrieb gegeben durch

$$P_{12} = \frac{|E_1||E_2|}{X_{12}} sin\delta_{12}$$

Dabei ist $X_{12} = X + X + X_{1tie2}$

Bei einer kleinen Abweichung des Durchflusses in der

Verbindungsleitung

$$\Delta P_{12} = \frac{dP_{12}}{d\delta_{12}}\bigg|_{\delta_{12}} \Delta\delta_{12} = P_s\Delta\delta_2$$

Die Leistungsabweichung im Gleichstromnetz hat dann die Form

$$\Delta P_{12} = P_s(\Delta\delta_1 - \Delta\delta_{2)}$$

Der moderne Regelungsentwurf basiert insbesondere auf dem multivariablen Zustandsvektorsystem. In diesem Entwurfsalgorithmus verwenden wir die Parameter der Zustandsvariablen, die aus dem System gewonnen werden können. Für Systeme, bei denen nicht alle Zustandsvariablen verfügbar sind, wird ein Zustandsschätzer entwickelt.

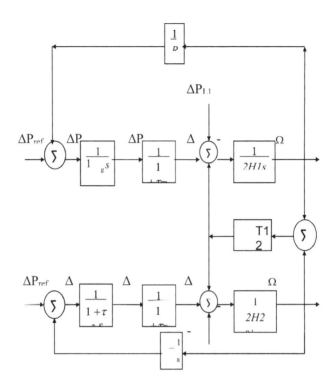

Abbildung 4.3 Zweiflächensystem mit Primärkreislauf-LFC

4.4 FUZZY-LOGIK UND FUZZY-REGLER

Fuzzy Logic ist die Theorie der unscharfen Logik, die oft als eine Verallgemeinerung der klassischen Logiktheorie gesehen wird, so dass das Grundwissen der klassischen (booleschen) Logik zunächst als Referenz für die Entwicklung der Fuzzy-Logik-Theorie gegeben ist. Fuzzy-Logik hat zwei verschiedene Bedeutungen. In einem sehr engen Sinn ist sie ein logisches System. In einem anderen Sinne ist sie ein Synonym für die Fuzzy-Mengen-Theorie, die sich auf Mengen von Objekten bezieht, die unbestimmte Grenzen haben, und deren Zugehörigkeit zu diesen Mengen in prozentualen quantitativen Stufen definiert ist. So kann ein Element auch Teil einer Gemeinschaft sein, die Bewertung teilweise vermeiden, vollständig sein oder nicht das Geringste. Dies kann durch die Fuzzy-Theorie ausgedrückt werden. Und im ersten Sinne unterscheidet sich die Fuzzy-Logik konzeptionell und inhaltlich vom traditionellen Logiksystem. Das Fuzzy-Logic-System ist durch die folgenden Elemente gekennzeichnet:

26

- Eingangszugehörigkeitsfunktion
- Unscharfe Regeln
- Output-Zugehörigkeitsfunktion

Nachdem wir ein solches System definiert haben, stellt sich die Frage, wie wir dieses System nutzen, wie wir es in Betrieb nehmen werden. Welche Wege und Methoden werden verwendet, um die Gesamtheit der Daten im Input dieser Technik zu analysieren, um ein logisches Ergebnis zu besitzen, auf dem die Entscheidungsfindung basiert. Unter Verwendung dieser Elemente und ihrer Eigenschaften durchlaufen die Prozesse und Aktionen in einem Fuzzy-System mehrere Stufen, die im Folgenden aufgeführt sind:

- Freigabe von Einträgen
- Unscharfes Urteil
- Zusammengesetzter Fuzzy-Ausgang
- Entfuzzyfizierung

4.4.1 Fuzzy-Regler

In diesem Beitrag wird ein Fuzzy-Regler mit zwei Eingangs-Zugehörigkeitsfunktionen und einer Ausgangs-Zugehörigkeitsfunktion vorgeschlagen. Ein Eingang ist das Fehlersignal der Bereichssteuerung und der zweite ist die Geschwindigkeitsänderung des Fehlersignals der Bereichssteuerung. Der Ausgang des Fuzzy-Reglers ist der Regelvorgang, der zur Steuerung des Systems angewendet wird. Die anschließende

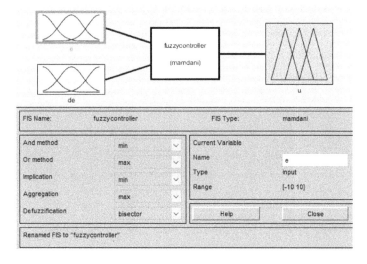

Abbildung 4.4 Fuzzy-Regler

Wird bei der Linearisierung des Leistungssystems mit drei Bereichen eingesetzt. Im Folgenden werden die Merkmale der Fuzzy-Logik des vorgeschlagenen Fuzzy-Reglers beschrieben.

[System] Name='maxrangecontroller'

Typ='mamdani'

Version=2.0

NumInputs=2

NumOutputs=1

NumRules=25

AndMethod='min'

OrMethod='max'

ImpMethod='min'

AggMethod='max'

DefuzzMethod='bisector'

[Input1]

Name='e'

Bereich=[-10 10]

Anzahl der MFs=5

MF1='NB':'trimf', [-15 -10 -5]

28

MF2='NS':'trimf',[-10 -5 0]

MF3='ZZ':'trimf',[-5 0 5]

MF4='PS':'trimf',[0 5 10]

MF5='PB':'trimf',[5 10 15]

[Input2]

Name='dE'

Bereich=[-10 10]

NumMFs=5

MF1='NB':'trimf', [-15 -10 -5]

MF2='NS':'trimf',[-10 -5 0]

MF3='ZZ':'trimf',[-5 0 5]

MF4='PS':'trimf',[0 5 10]

MF5='PB':'trimf',[5 10 15]

[Output1]

Name='u'

Bereich=[-5 5]

NumMFs=5

MF1='S':'trimf', [-7.5 -5 -2.5]

MF2='M':'trimf',[-5 -2.5 0]

MF3='B':'trimf',[-2.5 0 2.5]

MF4='VB':'trimf',[0 2.5 5]

MF5='VVB':'trimf',[2.5 5 7.5]

[Regeln]

1 1, 1 (1):1; 1 2, 1 (1): 1; 1 3, 2 (1): 1; 1 4, 2 (1): 1; 1 5, 3 (1): 1;

2 1, 1 (1): 1; 2 2, 2 (1): 1; 2 3, 2 (1): 1; 2 4, 3 (1): 1; 2 5, 4 (1): 1;

3 1, 2 (1): 1;3 2, 2 (1): 1; 3 3, 3 (1): 1; 3 4, 4 (1): 1; 3 5, 4 (1): 1;

4 1, 2 (1): 1; 4 2, 3 (1): 1; 4 3, 4 (1): 1; 4 4, 4 (1): 1; 4 5, 5 (1): 1;

5 1, 3 (1): 1; 5 2, 4 (1): 1; 5 3, 4 (1): 1; 5 4, 5 (1): 1; 5 5, 5 (1): 1;

Es besteht aus vier Komponenten, die verschiedenen Teile der Fuzzy-Regelung sind in Abb. dargestellt.

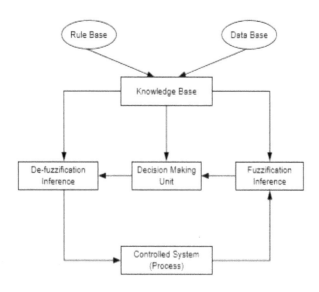

Abbildung 4.5 Blockschaltbild der Fuzzy-Logik-Steuerung

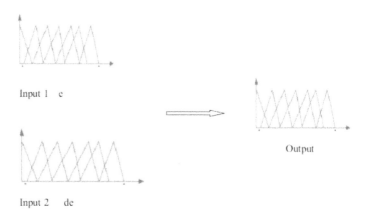

Abbildung 4.6 Zugehörigkeitsfunktion für die Lastfrequenzregelung

4.4.2 Fuzzification: Sie bezieht sich auf das Unbestimmte und Unbestimmte in einer natürlichen Sprache. Bei der Anwendung der Fuzzy-Regelung sind die beobachteten Daten in der Regel eindeutig. Die Datenmanipulation in einer Fuzzy-Logik-Steuerung &

basiert auf der Fuzzy-Mengen-Theorie, Fuzzification wird in einem früheren Stadium notwendig. Die folgende Funktion wird von der Fuzzification ausgeführt: Sie misst die Werte der Eingangsvariablen und führt eine Skalenabbildung durch, die den Bereich der Werte der Eingangsvariablen in ein entsprechendes Universum oder einen Diskurs umwandelt. Die Funktion der Fuzzification wandelt die Eingaben in geeignete linguistische Werte um, die als Etiketten von Fuzzy-Mengen betrachtet werden können. Für die LFC wird eine dreieckige Zugehörigkeitsfunktion verwendet.

4.4.3 Wissensbasis: Die Wissensbasis einer Fuzzy-Logik-Steuerung (FLC) besteht aus einer Datenbank und einer Regelbasis. Die grundlegende Funktion einer Datenbank besteht darin, die notwendigen Informationen für das ordnungsgemäße Funktionieren der Fuzzification, der Regelbasis und damit der Defuzzification bereitzustellen. Die Datenbank liefert Informationen über Fuzzy-Mengen, die die Bedeutung der linguistischen Werte des Prozesses und damit der Steuerungsausgangsvariablen darstellen. Die grundlegende Funktion der Regeldatenbank besteht darin, die Steuerungspolitik eines erfahrenen Prozessbedieners und Steuerungsingenieurs in Form einer Reihe von Produktionsregeln zu strukturieren, wie z. B. "Wenn (Prozesszustand) dann (Steuerungsausgang)". Ein Teil einer solchen Regel wird als Regelantezedent bezeichnet und kann eine Beschreibung eines Prozesszustands in Form einer logischen Kombination von atomaren Fuzzy-Sätzen sein, ein Teil der Regel wird als Regelkonsequenz bezeichnet und ist wiederum die Beschreibung des Steuerungsausgangs in Form einer logischen Kombination von Fuzzy-Sätzen. Diese Sätze geben die linguistischen Werte an, die die Steuerausgaben annehmen, wenn der aktuelle Prozesszustand mit der Beschreibung des Prozesszustands im Regel-Antizip übereinstimmt. Im Grunde genommen bieten Fuzzy-Regeln eine bequeme Möglichkeit, die Kontrollpolitik und auch das Fachwissen auszudrücken.

4.4.4 Fuzzy Inference System (FIS): Fuzzy Inference System (FIS) verwendet eine Reihe von Fuzzy-Regeln und Zugehörigkeitsfunktionen anstelle von Boolescher Logik, um über Daten nachzudenken. Groß negativ (Ln), Mittel negativ (Mn), Klein negativ (Sn), Null (Ze), Klein positiv (Sp), Mittel positiv (Mp), Groß positiv (Lp). In Tabelle 1 sind die sieben linguistischen Variablen für den Input-1-Fehler e und die Ableitung des Fehlers Δe Input-2 zu sehen, und diese linguistischen Variablen werden in der Inferenzmaschine miteinander multipliziert und 49 Regeln für die Lastfrequenzsteuerung (LFC) gebildet. Bei der Defuzzification wird die Fuzzy-Ausgangsmenge in eine eindeutige Zahl umgewandelt. Bei der Schwerpunktmethode wird der knackige Wert der Ausgangsvariablen berechnet, indem der Variablenwert des Schwerpunkts der Zugehörigkeitsfunktion für den Fuzzy-Wert ermittelt wird. Bei der Maximalmethode wird einer von allen Variablenwerten, bei denen die Fuzzy-Menge ihren maximalen Wahrheitswert hat, als knackiger Wert für die Ausgangsvariable gewählt.

Eine Zugehörigkeitsfunktion (MF) ist eine Kurve, die definiert, wie jeder Punkt im Eingaberaum auf einen Zugehörigkeitswert (oder Zugehörigkeitsgrad) zwischen 0 und 1 abgebildet wird. Der Eingaberaum wird manchmal auch als Universum des Diskurses bezeichnet. Die einfachsten Zugehörigkeitsfunktionen werden mit Hilfe von Geraden gebildet. Die einfachste davon ist die dreieckige Zugehörigkeitsfunktion, die den Funktionsnamen trimf trägt. Diese Funktion ist nichts anderes als eine Sammlung von drei Punkten, die ein Dreieck bilden. Die trapezförmige Zugehörigkeitsfunktion, trapmf, hat ein flat oben und ist eigentlich nur eine abgeschnittene Dreieckskurve. Diese geradlinigen Zugehörigkeitsfunktionen haben den Vorteil der Einfachheit. In dieser Arbeit werden sieben dreieckige Zugehörigkeitsfunktionen für jeden Eingang verwendet, die in Abb. 1 dargestellt sind.

Tabelle 4.1 Regelbasis für die Lastfrequenzregelung

Frequenz Abweichungen	Änderungsrate der Frequenzabweichungen						
	Ln	Mn	Sn	Ze	Lp	Mp	Sp
Ln	Ln	Ln	Mn	Ln	Mn	Sn	Ze
Mn	Ln	Ln	Ln	Mn	Sn	Ze	Mp
Sn	Ln	Ln	Mn	Sn	Ze	Lp	Mp
Ze	Ln	Mn	Sn	Ze	Lp	Mp	Sp
Lp	Mn	Sn	Ze	Lp	Mp	Sp	Sp
Mp	Sn	Ze	Lp	Mp	Sp	Sp	Sp
Sp	Ze	Mp	Mp	Sp	Sp	Sp	Sp

4.5 GENATISCHES ALGORITHAM - Ein elektrisches Stromversorgungssystem besteht aus einer Reihe von Ausrüstungen. Die verschiedenen Komponenten, die an das Stromversorgungssystem angeschlossen sind, reagieren sehr empfindlich auf die Kontinuität und Qualität der Stromversorgung wie Spannung und Frequenz. Die Frequenz ist umgekehrt proportional zur Last, die sich ständig ändert, und daher wirkt sich die Änderung der Wirkleistung auf die Systemfrequenz aus. Die Frequenz spielt eine sehr wichtige Rolle, wenn die Last steigt und sinkt, muss die Frequenz innerhalb der Grenzwerte liegen. Die Steuerung der Lastfrequenz hängt mit AGC zusammen und verbessert die Systemstabilität. Zur Steuerung der Frequenz wird jede Erzeugungseinheit mit einem Drehzahlregler und einem Lastfrequenzregelkreis betrieben, um die Wirkleistung und die Frequenz zu regulieren und ihre Werte auf den geplanten Werten zu halten. Das Hauptziel der Lastfrequenzregelung (LFC) besteht darin, die Frequenz nahe dem festgelegten Nennwert (50 Hz) zu halten, um den zufällig schwankenden Wirkleistungslasten entgegenzuwirken und den Fehler beim Leistungsaustausch zwischen den Leitungen zu minimieren. Die Entwicklung eines robusten Lastfrequenzreglers ist heute eine der wichtigsten Herausforderungen bei der Steuerung und Auslegung von Energiesystemen. In den letzten Jahrzehnten wurden verschiedene Methoden, Regelungsstrategien und intelligente Techniken vorgeschlagen, um das Problem der Lastfrequenzregelung für Ein-, Zwei- und Mehrbereichssysteme zu lösen, aber die aktuellen Veröffentlichungen auf diesem Gebiet zeigen immer noch ein anhaltendes Interesse an der Entwicklung von Lastfrequenzregelungssystemen. Die in der Industrie am häufigsten verwendeten Steuerungen basieren auf klassischen PI-Reglern oder PID-Reglern. Leider haben die klassischen Regler bestimmte Probleme, wie z.B.: die Reaktion auf plötzliche Laststörungen.

Ein genetischer Algorithmus ist eine probabilistische Suchtechnik, die den Prozess der biologischen Evolution rechnerisch simuliert. Das folgende Flussdiagramm gibt einen Überblick über die Schritte, die der Algorithmus durchführt. Er ahmt die Evolution in der Natur nach, indem er eine Population von Lösungskandidaten häufig verändert, bis eine optimale Lösung gefunden ist. Der GA-Evolutionszyklus beginnt mit einer zufällig ausgewählten Ausgangspopulation. Die Veränderungen in der Population erfolgen durch Selektion auf der Grundlage der Fitness und durch Veränderung mittels Mutation und Crossover. Die Anwendung von Selektion und Veränderung führt zu einer Population mit einem höheren Anteil an verbesserten Lösungen. Der Evolutionszyklus wird so lange fortgesetzt, bis in der aktuellen Generation der Population eine akzeptable Lösung gefunden wird oder ein Regulierungsparameter wie die Anzahl der Generationen überschritten wird.

Eine Reihe von Genen, die als Chromosom erkannt wird, steht für eine mögliche Lösung des Problems. Jedes Gen im Chromosom steht für eine Komponente des Lösungsmusters. GA kann gegenüber der konventionellen Optimierungsmethode für einen großen Bereich bessere Vorteile für das beste Ergebnis bieten. Sie sind

(i) seine Arbeit an den Kontrollvariablen, die für die Optimierungstechnik kodiert werden, und nicht an den Variablen selbst,

(ii) seine Arbeit auf nur einer Population der Lösung für andere Population, anstatt konventionelle lösen einzeln,

(iii) seine Verwendung nur Zielfunktionen für alle Arten von gegebenen Problem, nicht Derivate Funktion, damit die Optimierung Technik ist frei Derivat Begriff und die Optimierung Technik hängt nicht von der systematischen. Die Abbildung zeigt das Blockdiagramm zur Ermittlung der Fitnessfunktion für verschiedene Regler mittels GA-Optimierungstool, wobei die Reglerparameter in der Abbildung dargestellt sind. Und das dynamische System stellt den isolierten Regelbereich des Stromnetzes dar.

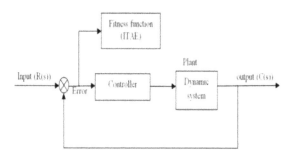

Abbildung 4.7 Genetischer Algorithmus

4.6 MODELLIERUNG EINES STROMNETZES IN ZWEI BEREICHEN:

34

Wir betrachten ein Netz mit der Bezeichnung i^{th} und schreiben die Differentialgleichung, die den Betrieb unter normalen Bedingungen regelt, wobei wir davon ausgehen, dass die Störungen im Netz null sind.

Differentialgleichung des Reglers:

$$\Delta x'_{vi} = -\frac{1}{T_{gi}}\Delta x_{vi}(t) - \frac{1}{T_{gi}R_i}\Delta f_i(t) + \frac{1}{T_{gi}}\Delta P_{ci}(t) - - - - - - - (7)$$

Für Turbinengenerator:

$$\Delta P'_{gi} = -\frac{1}{T_{ti}}\Delta P_{gi}(t) + \frac{1}{T_{ti}}\Delta x_{vi}(t) - - - - - - - - - (8)$$

Für Power System:

$$\Delta f'_i(t) = -\frac{D_i f_0}{2H_i}\Delta f_i(t) - \frac{f_0}{2H_i}\left(\Delta P_{tie,i} - \Delta P_{gi}\right) - - - - - -(9)$$

Tie Line Power Equation:

$$\Delta p'_{tie,i}(t) = \sum T_{ij}(\Delta_{fi} - \Delta f_j) \text{------------------------------}(10)$$

Für die Entwicklung des Zustandsraummodells benötigen wir die Matrizen A und B.

$$A = \begin{bmatrix} 0 & T_{12} & 0 & 0 & 0 & -T_{12} & 0 \\ -\dfrac{f_0}{2H_1} & -\dfrac{f_0 D_1}{2H_1} & \dfrac{f_0}{2H_1} & 0 & 0 & 0 & 0 \\ 0 & 0 & -\dfrac{1}{T_{t1}} & \dfrac{1}{T_{t1}} & 0 & 0 & 0 \\ 0 & -\dfrac{1}{T_{g1}R_1} & 0 & -\dfrac{1}{T_{g1}} & -\dfrac{1}{T_{g1}} & 0 & 0 \\ -\dfrac{f_0}{2H_2} & 0 & 0 & 0 & 0 & -\dfrac{f_0 D_2}{2H_2} & \dfrac{f_0}{2H_2} \\ 0 & 0 & 0 & 0 & 0 & -\dfrac{1}{T_{g2}R_2} & -\dfrac{1}{T_{t2}} \\ 0 & 0 & 0 & 0 & 0 & 0 & 0 \end{bmatrix} ; B = \begin{bmatrix} 0 & 0 \\ 0 & 0 \\ 0 & 0 \\ \dfrac{1}{T_{g1}} & 0 \\ 0 & 0 \\ 0 & 0 \\ 0 & \dfrac{1}{T_{g2}} \end{bmatrix}$$

$$X = \begin{bmatrix} \Delta p_{tie}(t) \\ \Delta f_1(t) \\ \Delta p_{g1}(t) \\ \Delta x_{v1}(t) \\ \Delta f_2(t) \\ \Delta p_{g2}(t) \\ \Delta x_{v2}(t) \end{bmatrix} ; U = \begin{bmatrix} \Delta p_{c1}(t) \\ \Delta p_{c2}(t) \end{bmatrix}$$

$\Delta_{xvi}(t)$ - Inkrementelle Änderung der Ventilstellung;

$\Delta_{pgi}(t)$ - Inkrementelle Änderung der Stromerzeugung;

$\Delta_{pci}(t)$ - Inkrementelle Änderung der Drehzahlwandlerposition;

Die übrigen verwendeten Symbole haben die gleiche Bedeutung wie im Fall des isolierten Systems. Der tiefgestellte Index *I* bezeichnet das betrachtete Gebiet.

Die Verbindungsleitung wird für die Verbindung von zwei oder mehr Stromnetzen und deren Anlagen verwendet. Der Stromfluss zwischen zwei Gebieten wird durch die Verbindungsleitung ermöglicht. Ein Gebiet erhält mit Hilfe von Verbindungsleitungen Energie aus einem anderen Gebiet. Daher erfordert die Lastfrequenzregelung auch die Kontrolle des Fehlers beim Leistungsaustausch zwischen den Leitungen. Der Fehler im Stromnetz der Verbindungsleitung ist das Integral der Frequenzschwankungen zwischen zwei Gebieten. Die Leistung in den Verbindungsleitungen kann mathematisch ausgedrückt werden als

$$P_{12}^0 = \frac{\left|V_1^0\right|\left|V_2^0\right|}{X}\sin\left(\delta_1^0 - \delta_2^0\right)$$

Where

$\delta_1^0 \delta_2^0$ =power angles of equivalent machines

For small deviations in the angles the tie-line power changes to

$$\Delta P_{12} = T_{12}\left(\Delta\delta_1 - \Delta\delta_2\right)$$

Where

$$T_{12} = \frac{\left|V_1^0\right|\left|V_2^0\right|}{X}\cos\left(\delta_1^0 - \delta_2^0\right) \text{ is the synchronizing coefficient}$$

Frequency deviation Δf is related to reference angle by

$$\Delta f = \frac{1}{2\pi}\frac{d}{dt}\left(\delta^0 + \Delta\delta\right)$$

$$= \frac{1}{2\pi}\frac{d}{dt}\left(\Delta\delta\right)$$

$$\Delta\delta = 2\pi\int\Delta f dt$$

$$\Delta P_{12} = 2\pi T_{12}\left(\int\Delta f_1 dt - \int\Delta f_2 dt\right)$$

Taking Laplace transformation of above formula gives

$$\Delta P_{12}(s) = \frac{2\pi T_{12}}{s}\left(\Delta f_1(s) - \Delta f_2(s)\right)$$

4.7 VERBUNDNETZ MIT DREI BEREICHEN

In einem Verbundnetz sind die Erzeugungsgruppen intern eng gekoppelt und schwingen im Gleichklang. Die Generatorturbine neigt dazu, die gleichen Ansprechcharakteristiken zu haben, eine solche Gruppe von Generatoren wird als kohärent bezeichnet. Dies wird als Regelzone bezeichnet. Die verschiedenen Regelzonen sind in der Regel durch Übertragungsleitungen miteinander verbunden, die den Fluss von Wirkleistung von einem Gebiet in ein anderes ermöglichen, wenn Energie benötigt wird. Wenn ein zusammengeschaltetes Wechselstromnetz einer Laststörung ausgesetzt ist, kann die Netzfrequenz erheblich gestört werden und in Schwingungen geraten. Durch die Nutzung der Systemverbindungen als Steuerkanäle der HGÜ-Verbindung kann die Leistungsmodulation der HGÜ-Verbindung über die Verbindungen zur Stabilisierung der Frequenzschwankungen des Wechselstromsystems eingesetzt werden. Die wichtigsten Vorteile der HGÜ-Verbindung sind die Übertragung von Massenstrom über große

Entfernungen, die Übertragung zwischen unsynchronisierten Wechselstromnetzen und die Übertragung über Seekabel.

In diesem vorgeschlagenen Modell wird eine Übertragungsleitung verwendet, um Strom von einem Gebiet zu einem anderen über eine große Entfernung ohne Frequenzabweichung zu übertragen. Sie ist unter der Konstantstromregelung frequenzunempfindlich, Hilfsfrequenzregler werden häufig zusammen mit HGÜ-Übertragungsleitungen verwendet, um die Systemleistung zu verbessern. Diese HGÜ-Verbindungen sind frequenzabhängig und können Stabilitätsprobleme verursachen. Ein Lastfrequenzregler korrigiert jede Abweichung des Stromnetzes nach einer Änderung des Lastbedarfs. Jedes Gebiet benötigt nur seine lokale Messung. Die Messungen an entfernten Terminals werden vermieden. Die Zusammenfassung dieser lokalen Frequenzregler wird als dezentraler Lastfrequenzregler bezeichnet. Bei Vorhandensein von frequenzsteuerbaren HGÜ-Verbindungen. Die Frequenzregulierung im Empfangsbcreich führt zu Frequenzabweichungen in den Sendebereichen. Alle lokalen Frequenzregler und AFCs werden aktiviert.

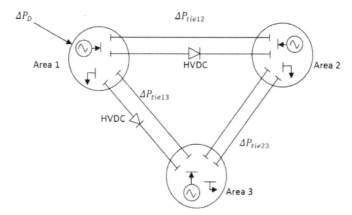

Abbildung 4.8 Dreiflächiges Verbundsystem

38

KAPITEL 5

SIMULINK UND ERGEBNIS

5.1 SIMULINK-MODELL MIT PID

Als Beispiel für ein Mehrgebietsnetz haben wir für die LFC-Analyse ein Verbundnetz mit drei Gebieten betrachtet, das in Abbildung 5.1 dargestellt ist. In diesem System ist jede Regelzone mit zwei anderen Gebieten verbunden, und der geplante Leistungsaustausch eines beliebigen Gebiets ist die algebraische Summe aller zwei Gebiete über eine Verbindungsleitung.

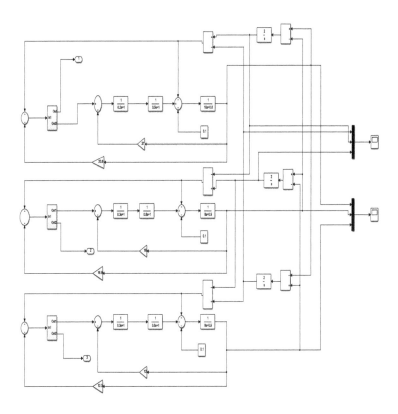

Abbildung 5.1 Simulink eines Dreifeld-Verbundsystems

Die gegebene Abbildung 5.1 besteht aus einem Generator, einer Turbine und einem PID-Regler mit drei Bereichen, die durch eine Verbindungsleitung miteinander verbunden sind und auch Störungen im gesamten System verursachen. Jedes System hat die gleiche Leistung von Generator und Turbinen. Wir können die Parameter des Systems für die weitere Analyse des Mehrbereichssystems ändern. Die Änderung der Reaktion des Mehrbereichssystems hängt von den Parametern des Systems und der Änderung der angewandten Störung ab. In diesem Mehrbereichs-Verbundsystem werden Proportional-Integral-Differenzial-Regler verwendet, um die Abweichung der Frequenzantwort des Dreibereichs-Verbundsystems zu kontrollieren, in dem Störungen in jedem Bereich auftreten. Hier werden zwei Bereiche verbunden, um die Reaktion des Systems aufzuzeichnen, wobei Bereich 1 die Frequenzabweichung des Dreibereichs-Verbundsystems und Bereich 2 die Reaktion der Verbindungsleitung des Dreibereichs-Verbundsystems darstellt.

5.2 SIMULINK-MODELL UNTER VERWENDUNG VON FUZZY

Die folgende Abbildung zeigt ebenfalls ein dreifach vernetztes Stromversorgungssystem unter Verwendung einer Fuzzy-Logik-Steuerung.

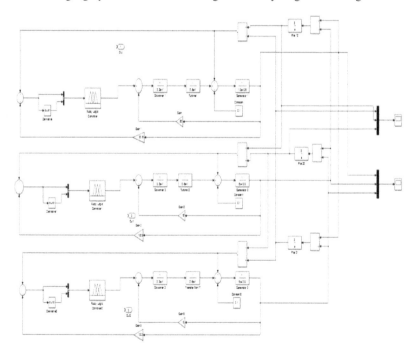

40

Abbildung 5.2 Simulink-Modell unter Verwendung von Fuzzy

5.3 ERGEBNISSE

Der Wert der Reglerparameter ist in Tabelle 5.1 dargestellt. Beim Vergleich der beiden eingestellten Werte zeigt sich, dass das Überschwingen im Fall von GA-PID geringer ist. Die Frequenzabweichung und der Durchfluss in der Verbindungsleitung für jeden Bereich mit den beiden optimierten Werten sind unten in den entsprechenden Diagrammen dargestellt.

TABELLE 5.1 Parameter für PID-Regler

Parameter	Bereich 1	Bereich 2	Bereich 3
Kp	0.0219	0.0273	0.2615
Ki	0.0201	0.1066	0.0598

Frequenzabweichung des PID-Reglers System

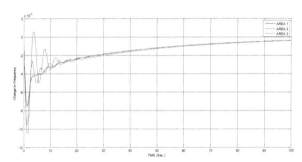

Abbildung 5.3 Frequenzabweichung des PID-Systems

Frequenzabweichung der Verbindungsleitung im PID-System

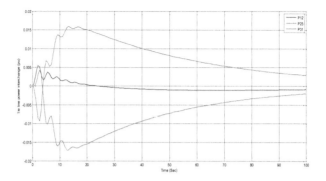

Abbildung 5.4 Frequenzabweichung der Verbindungsleitung im PID-System

Darstellung der Zugehörigkeitsfunktion einer Fuzzy-Logik-Steuerung

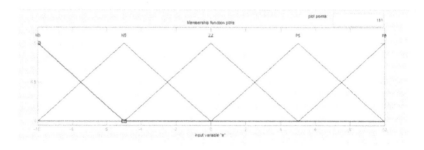

Eingang 1 (Fehler e)

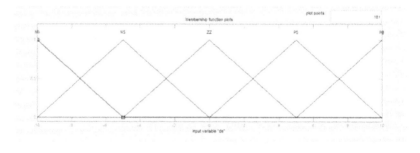

Eingabe 2 (Veränderung des Fehlers de)

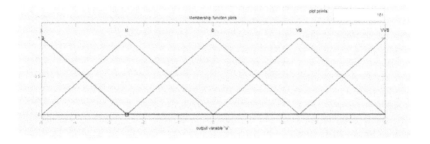

Ausgabe

Frequenzabweichung in der Fuzzy-Logik-Steuerung

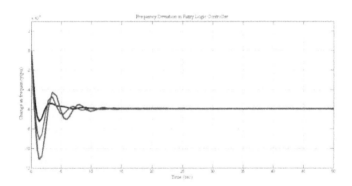

Abbildung 5.5 Frequenzabweichung im Fuzzy-System

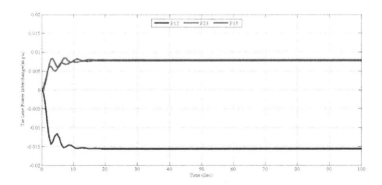

43

Abbildung 5.6 Frequenzabweichung der Tie-Line im Fuzzy-System

Vergleiche der Frequenzabweichung in PI- und Fuzzy-Systemen

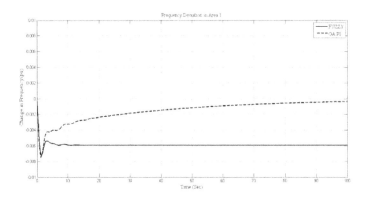

Abbildung 5.7 Frequenzabweichung im Bereich 1

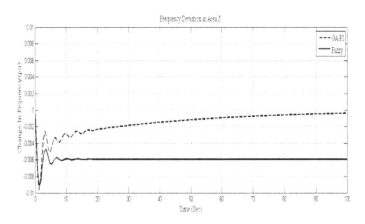

Abbildung 5.8 Frequenzabweichung im Bereich 2

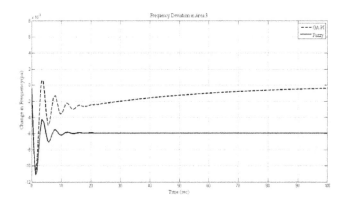

Abbildung 5.9 Frequenzabweichung im Bereich 3

KAPITEL 6

SCHLUSSFOLGERUNG UND KÜNFTIGE ARBEITEN

6.1 SCHLUSSFOLGERUNG

Das Buch hat im Wesentlichen auf die Änderung in der Frequenz sowie die Änderung in der Krawatte Linie Macht aufgrund der Änderung in der Last und auch die Techniken, die verwendet werden können, für den Erhalt der optimierten Werte der verschiedenen Parameter für die Minimierung der Änderungen untersucht.

Erstens wird eine Sekundärregelung eingeführt, um die Frequenzabweichungen zu minimieren. Dies ist in der Regel bei einem Einbereichssystem oder einem isolierten System von entscheidender Bedeutung, da der sekundäre Regelkreis, d. h. ein Integralregler, im Allgemeinen für die Verringerung der Frequenzabweichungen verantwortlich ist und die Stabilität des Systems aufrechterhält. Daher verliert das System ohne einen Sekundärregelkreis seine Stabilität. Das Vorhandensein von Niederfrequenzschwingungen in Stromversorgungssystemen ist die Ursache für die Instabilität des Leistungswinkels, wodurch die Übertragung der maximalen Leistung im Verbundnetz eingeschränkt wird. Eine wirksame Methode zur Verbesserung der Stabilitätsgrenzen ist die Installation eines Netzstabilisators und einer zusätzlichen Erregungssteuerung, die mit einem automatischen Spannungsregler (AVR) und einem zusätzlichen stabilisierenden Rückkopplungssignal ergänzt werden. Dieses Buch gibt einen kurzen Überblick über die Stabilitätsverbesserung mit Fuzzy- und GA-Techniken.

6.2 SPIELRAUM FÜR KÜNFTIGE ARBEITEN

➢ Es kann in ein System mit vier Bereichen implementiert werden und auch die Leistung des Systems kann untersucht werden.

➢ Verschiedene andere Optimierungsalgorithmen können für die Optimierung verwendet werden

➢ Zur Bewältigung der Frequenzabweichungen und der Leistungsänderungen in der Verbindungsleitung können verschiedene Regler eingesetzt werden.

REFERENZ

[1] Nithin. N, Sachintyagi, Ashwani Kumar Chandel, Design of PID controlled power system stabilizer for stability studies using genetic algorithm, 13th IRF International Conference, 20th July-2014, Pune, India, ISBN: 978- 93-84209-37-7.

[2] RekhasreeR L, J. Abdul Jaleel, Automatic generation control of complex power systems using genetic algorithm: A case study, International Journal of Engineering Research & Technology (IJERT) Vol. 2 Issues 10, October- 2013 ISSN: 2278-0181.

[3] Prabha Kundur. Power System Stability and Control copyright© 1994 by the McGraw-Hill Companies, Inc.

[4] I. A. Chidambaram und B. Paramasivam, Genetic algorithm based decentralized controller for load-frequency control of interconnected power systems with RFB considering TCPS in the tie-line, International Journal of Electronic Engineering Research, ISSN 0975 - 6450, Volume 1, Number 4 (2009) pp. 299-312.

[5] N. M. Tabatabaei M. Shokouhian Rad, Designing power system stabilizer with PID controller, IJTPE Journal, June 2010, Issue 3, Volume 2, Number 2, Pages 1-7, ISSN: 2077-3528.

[6] Hilmi Zenk, A. Sefa Akpınar, Multi zone power systems load-frequency stability using fuzzy logic controllers, Journal of Electrical and Control Engineering, Dec. 2012, Vol. 2 Iss. 6, PP.49-54.

[7] Sandeep Bhongade, Barjeev Tyagi, H. O. Gupta, Genetic algorithm based PID controller design for a multi-area AGC scheme in a restructured power system, International Journal of Engineering, Science and Technology Vol. 3, No. 1, 2011, pp. 220-236.

[8] D P Kothari, I J Nagrath. Power System Engineering 2nd edition copyright© 1994 by the Tata McGraw-Hill Publishing Companies Limited.

[9] Hadi Sadat. Power System Analysis copyright© 1999 by the McGraw-Hill Companies, Inc.

[10] C. Concordia und L. K. Kirchmayer, 'Tie line power and frequency control of electric power systems', Amer. Inst. Elect. Eng. Trans., Pt. II, Vol. 72, pp. 562 572, Jun. 1953.

[11] N. Cohn, "Some aspects of tie-line bias control on interconnected power systems", Amer. Inst. Elect. Eng. Trans., Vol. 75, S. 1415-1436, Feb. 1957.

[12] O. I. Elgerd und C. Fosha, 'Optimum megawatt frequency control of multiarea electric energy systems,' IEEE Trans. Power App. Syst., vol. PAS-89, no. 4, pp. 556-563, Apr. 1970.

[13] C. Fosha, O. I. Elgerd, 'The megawatt frequency control problem: A new approach via Optimal control theory,' IEEE Trans. Power App. Syst., vol. PAS- 89, no. 4, pp. 563 577, Apr. 1970.

[14] IEEE PES Committee Report, IEEE Trans. Power App. Syst., Bd. PAS-92, Nov. 1973. Dynamic models for steam and hydro-turbines in power system studies".

[15] IEEE PES Working Group, 'Hydraulic turbine and turbine control models for system dynamic Studies', IEEE Trans. Power Syst., vol. PWRS-7, no. 1, pp. 167-174, Feb. 1992.

[16] IEEE PES Committee Report, IEEE Trans. Power App. Syst., vol. PAS-98, Jan./Feb. 1979. Aktuelle Betriebsprobleme im Zusammenhang mit der automatischen Stromerzeugung".

[17] N. Jaleeli, L. S. Vanslyck, D. N. Ewart, L. H. Fink, and A. G. Hoffmann, 'Understand- ing automatic generation control,' IEEE Trans. Power App.Syst. vol. PAS-7, no. 3, pp. 1106-1122, Aug. 1992.

[18] R. K. Green, 'Transformed automatic generation control', IEEE Trans.Power Syst., vol. 11, no. 4, pp. 1799-1804, Nov. 1996

[19] A. M. Stankovic, G. Tadmor und T. A. Sakharuk, "On robust control analysis and design for load frequency regulation", IEEE Trans. Power Syst., Bd. 13, Nr. 2, S. 449-455, Mai 1998.

[20] K. C. Divya und P.S. Nagendra Rao, 'A simulation model for AGC studies of hydro-hydro systems', Int. J. Electrical Power & Energy Systems, Vol 27, Jun.- Jul. 2005, S. 335-342.

[21] E. C. Tacker, T. W. Reddoch, O. T. Pan, and T. D. Linton, 'Automaticgeneration Control of electric energy systems-A simulation study,' IEEE Trans. Syst. Man Cybern.", vol. SMC-3, no. 4, pp. 403-5, Jul. 1973.

[22] B. Oni, H. Graham und L. Walker, 'non linear tie-line bias control of Interconnected power systems,' IEEE Trans. Power App.Syst., vol. PAS-100 no. 5 pp. 2350-2356.

[23] R. K. Cavin, M. C. Budge Jr., P. Rosmunsen, 'An Optimal Linear System Approach to Load Frequency Control', IEEE Trans. On Power Apparatus and System, PAS-90, Nov./Dez. 1971, S. 2472-2482.

[24] Hsu, Y., und Cheng, C., "Load Frequency Control using Fuzzy Logic," Int. Conf. on High Technology in the Power Industry, 1991, Pp. 32 - 38.

[25] J. Talaq und F. Al-Basri, "Adaptive fuzzy gain scheduling for load frequency control", IEEE Trans. Power Syst., vol. 14, no. 1, pp. 145-150, Feb. 1999.

[26] Y. H. Moon, H. S. Ryu, J. G. Lee und S. Kim, "Power system load frequency control using noise-tolerable PID feedback," in Proc. IEEE Int. Symp. Industrial Electronics (ISIE), Jun. 2001, Bd. 3, S. 1714-1718.

[27] A. Khodabakhshian und N. Golbon, "Unified PID design for load frequency control," in Proc. 2004 IEEE Int. Conf. Control Applications (CCA), Taipei, Taiwan, Sep. 2004, S. 1627-1632.

[28] L. Mengyan et al. "Studies on the Tie-line Power Control with a Large Scale Wind Power," International Conference on Electronics, Communications and Control, Ningbo, pp. 2302-2305, September 9- 11, 2011.

[29] R. Oba et al., "Suppression of Short Term Disturbances from Renewable Resources by Load Frequency Control Considering Different Characteristics of Power Plants," IEEE Power Engineering Society Calgary, pp. 1-7, July 26-30, 2009.

[30] M. Datta, T. Senjyu, A. Yona und T. Funabashi, "Control of MWclass PV Generation to Reduce Frequency and Tie-line Power Fluctuations in Three Control Area Power System," Proceedings of the 8th International Conference on Power Electronics, Korea, pp. 894-901, May/June 30-03, 2011.

Ingram Content Group UK Ltd.
Milton Keynes UK
UKHW010850060623
422954UK00001B/215